Diercke Atlasführerschein

von Jürgen Nebel

INHALTSVERZEICHNIS

Der Atlas – eine Sammlung von Karten

Wozu dient eigentlich ein Atlas?

Der Atlas ist ein wichtiges Hilfsmittel in der Schule. Häufig brauchst du ihn auch zu Hause. Er enthält eine Sammlung verschiedener Karten. Er hilft dir, zum Beispiel deinen Schulort, deine Ferienziele oder den Wohnort von Großeltern, Tanten und anderen Verwandten zu finden. Auch wenn du wissen willst, wo auf der Erde ein Vulkan ausbricht oder ein Erdbeben stattfindet, kannst du im Atlas nachschauen. Damit du mit dem Atlas gut und schnell arbeiten kannst, besteht er aus mehreren Teilen.

1. Vorne im Atlas ist meistens die **Kartenübersicht**. Hier sind verschiedene Gebiete der Erde eingezeichnet und mit einer Seitenzahl versehen. So siehst du auf einen Blick, auf welcher Seite im Atlas hierzu eine Karte vorhanden ist.

3. Der Schwerpunkt des Atlas ist der **Kartenteil.** Er enthält alle Karten. Häufig kommen zuerst die Karten zu Deutschland, dann zu Europa und den Kontinenten.

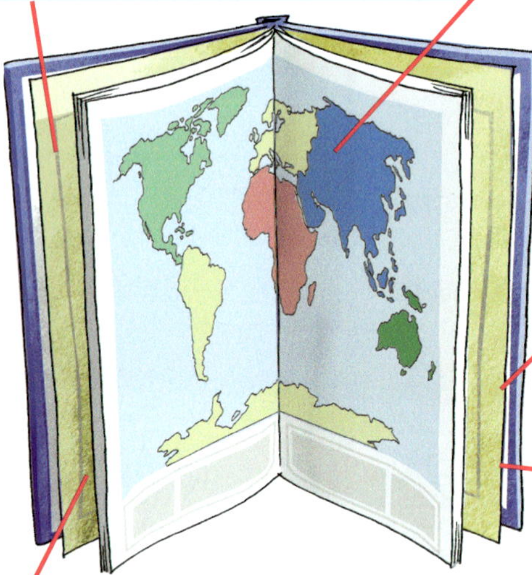

4. Das **Register** ist ein alphabetisches Verzeichnis der Namen, die auf den Karten im Atlas vorkommen. Das sind Städte, Länder, Flüsse, Meere, Berge und Landschaften. Hinter dem jeweiligen Namen stehen die Seitenzahl und das **Planquadrat**. Diese Einteilung kennst du sicherlich von dem Spiel „Schiffe versenken". Wenn nicht, schau auf den Seiten 6/7 nach.
In vielen Atlanten gibt es zusätzlich ein **Sachwortregister**. Dort sind wichtige Begriffe zu verschiedenen Sachthemen alphabetisch aufgelistet mit den Seitenzahlen, wo sie im Atlas zu finden sind.

2. Das **Inhaltsverzeichnis** enthält die Überschriften aller Karten im Atlas mit den Seitenzahlen, auf denen sie zu finden sind.

M1 So ist der Atlas aufgebaut

M2 Ausschnitt vom Titelblatt des ersten Atlas von Gerhard Mercator aus dem Jahr 1595

INFO

Atlas

Ein Atlas (Mehrzahl: Atlanten) ist eine Sammlung von Karten in einem Buch. Der Name wurde durch den Forscher Gerhard Mercator im 16. Jahrhundert eingeführt, der die erste Kartensammlung Atlas nannte. Lange Zeit meinte man, dass der Name auf eine griechische Sage zurückgeht: Ein Riese mit dem Namen Atlas trägt den gesamten Erdball auf seinen Schultern. Erst Anfang der 1990er-Jahre fand man heraus, dass Mercator seine Kartensammlung nicht nach dem Riesen Atlas, sondern nach dem König Atlas von Mauretanien benannt hatte, den er wegen seiner Weisheit und Menschlichkeit verehrte. Die nicht richtige, aber verbreitete Vorstellung vom Atlas als Erdballträger hat sich wegen seiner großen Anschaulichkeit aber durchgesetzt. Man findet ihn auf vielen Bildern oder als Statue.

Beispiel:

Du suchst den Ort Amöneburg.
Im Register findest du:

Name	Seite	Planquadrat
↓	↓	↓
Amöneburg,	**14,**	**B4**

Amöneburg ist auf einer Karte auf Seite 14 im folgenden Planquadrat:

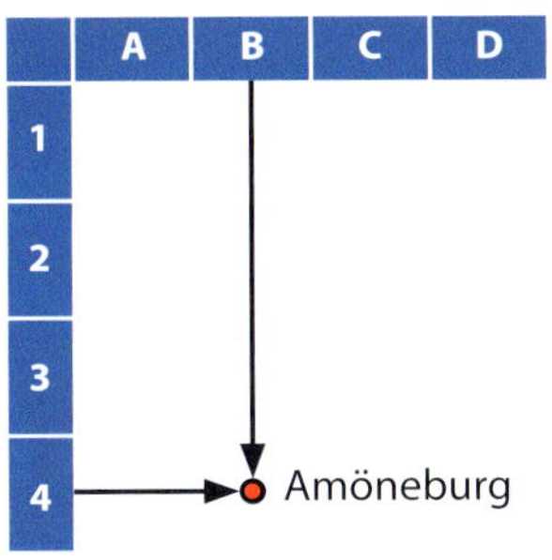

Amöneburg ist eine Stadt in Deutschland.

M3 Atlas als „Träger der Welt“

AUFGABEN

1 Ergänze die Tabelle. Benutze das Register.

Land	Seite im Atlas	Planquadrat
Guyana		
Gambia		
Spanien		
Kanada		
Indien		

2 Trage ein. Benutze das Register.

Name	Das ist...
Aconcagua	ein Berg
Suriname	
Brocken	
Anden	
Nil	

3 Ergänze die Sprechblase des Mädchens (M3):

…

4 Trage ein. Benutze die Kartenübersicht.

a) Auf welchen Seiten im Atlas findest du eine Karte mit den Städten, Flüssen und Gebirgen von

Deutschland,

Europa?

b) Auf welchen Seiten im Atlas findest du eine Karte mit den Staaten von

Europa,

der Erde?

5 Benutze das Sachwortregister. Auf welcher Seite im Atlas wird der Begriff „Kontinent“ erklärt?

Vom Bild zur Karte / Himmelsrichtungen

M1 Schloss Charlottenburg in Berlin

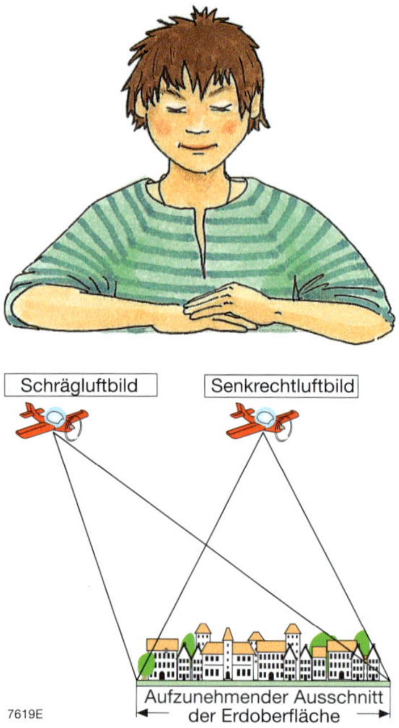

M2 Luftbildaufnahmen aus zwei verschiedenen Winkeln

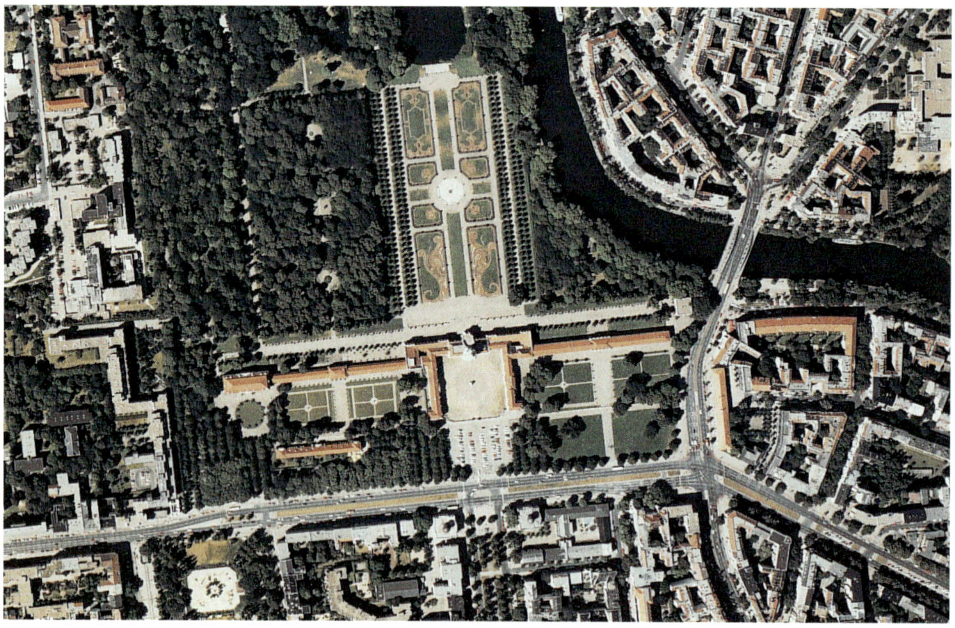

M3

- vorwiegend Wohngebiet
- öffentliches Gebäude
- Fluss, See
- Park, Grünanlage
- Wald
- wichtige Straße
- sonstige Straße

0 100 200 300 m

M4

M5

Schrägluftbild – Senkrechtluftbild – Karte

Aus einem Flugzeug kann man die Landschaft fotografieren. Es gibt **Schrägluftbilder** (M1) und **Senkrechtluftbilder** (M3). Sie zeigen beide das Schloss Charlottenburg in Berlin. Nach einem Senkrechtluftbild kann eine **Karte** gezeichnet werden (M5). Der Kartenzeichner lässt Einzelheiten wie Autos, Bäume und genaue Hausformen weg. Dafür trägt er die Namen von Straßen und besonderen Gebäuden ein. Bestimmte Gebäude wie zum Beispiel Kirchen erhalten ein Kreuz als Kennzeichen. Wichtige Straßen zeichnet er besonders breit und in einer anderen Farbe. So ist die Karte einfacher zu lesen. Die Bedeutung der Farben und Zeichen wird in der **Legende** (M4) erklärt.

INFO

Legende
Die Legende ist die Zeichenerklärung zu einer Karte. Alle Farben und Zeichen, die in der Karte benutzt werden, sind hier erklärt. Jede Karte hat eine eigene Legende. Um eine Karte richtig „lesen" zu können, musst du die Bedeutung der Farben und Zeichen lernen.

Stimmt die Richtung?

Orientieren heißt sich zurechtfinden. Hierbei helfen dir Karten. In der Regel ist am oberen Kartenrand Norden. Dazu musst du aber die **Himmelsrichtungen** kennen. Die Haupthimmelsrichtungen sind Norden (N), Süden (S), Westen (W) und Osten (O). Süden liegt dort, wo die Sonne am Mittag steht. Mit einem **Kompass** kannst du leicht feststellen, wo welche Himmelsrichtung ist. Er enthält eine **Windrose**. Darauf sind die Himmelsrichtungen mit ihren Abkürzungen eingetragen. Der Kompass zeigt außerdem auch die Nebenhimmelsrichtungen. NO bedeutet Nordost und SW bedeutet Südwest. Die rot markierte Spitze am Kompass zeigt immer nach Norden.

M6 Kompass mit Windrose

AUFGABEN

1 Ergänze folgende Begriffe: Karte, Legende, Senkrechtluftbild, Schrägluftbild.

M1 ist ein .

M3 ist ein .

M4 ist die .

M5 ist eine .

2 Ergänze die Himmelsrichtungen:

a) Der Schlossgarten liegt im vom Schloss.

b) Der Spandauer Damm liegt im vom Schloss.

3 In welche Himmelsrichtungen zeigen die roten Pfeile?

a)  **b)** 

Merkvers
Im Osten geht die Sonne auf,
im Süden steigt sie hoch hinaus,
im Westen wird sie untergehen,
im Norden ist sie nie zu sehen.

Einen Ortsplan lesen

Wie komme ich zur Schule?

M1 Petra

Petra kann mit dem Fahrrad zur Schule fahren. Es gibt eine gefährliche Stelle auf ihrem Schulweg. Dort muss sie mit dem Fahrrad besonders aufpassen.

M2 Sven

Sven geht zu Fuß zur Schule. Sein Weg ist nicht so weit, wie der von Petra.

M3 Lisa

Lisa kommt auch zu Fuß in die Schule. Sie wohnt ganz in der Nähe.

Michael ist neu in der Klasse.

M4 Michael

AUFGABEN

1 Ordne die Buchstaben A–D im Ortsplan den Kindern (M1– M4) zu. Ergänze die Straßen, in denen sie wohnen:

Petra wohnt im ______ weg.

Sven wohnt in der ______ straße.

Lisa wohnt in der ______ -Straße.

Michael wohnt in der ______ straße.

2 Schreibe die Namen der Straßen von Michaels Schulweg auf:

Vogesenstraße – Goethestraße – ______ .

3 Trage die Planquadrate ein, in denen die folgenden Einrichtungen liegen:

a) Bahnhof ______ , **b)** Feuerwehr ______ ,

c) Rathaus ______ , **d)** Freischwimmbad ______ .

4 Gib die Himmelsrichtungen an:

a) Die Feuerwehr liegt im ______ der Schule.

b) Das Wasserwerk liegt im ______ des Bahnhofs.

c) Die Katholische Kirche liegt im ______ der Feuerwehr.

5 Ergänze: Im Planquadrat E2 liegt der ______ see.

INFO

Gitternetz

Über eine Karte ist ein Gitternetz gelegt. Das sind waagerechte und senkrechte Linien. Die Linien bilden Rechtecke. Sie heißen Planquadrate. Oben und unten am Kartenrand stehen Buchstaben (A-F) und links Zahlen (1-7). So lassen sich die Planquadrate bezeichnen. Das Planquadrat unten rechts heißt zum Beispiel F7. So kann man jedes Planquadrat genau bestimmen.

	A	B	C	D	E	F
1						
2						
3						
4						
5						
6						
7						F7

M5 Gitternetz

Der Maßstab – ein Maß für die Verkleinerung

» Die Welt im Kleinen
Katrin hat mit ihren Großeltern in den Sommerferien einen Freizeitpark besucht. Dort sind berühmte Bauwerke der ganzen Welt wie der Eiffelturm in Paris im Maßstab 1:25 nachgebaut. Alle Modelle sind 25-mal kleiner als in der Wirklichkeit.

M1 Freizeitpark mit Bauwerken im Maßstab 1:25

Wo ist der Fahrradschlüssel?

Fabian hat seinen Fahrradschlüssel verloren. Dann entdeckt er ihn neben dem Eingang zur Schule hinter einem Baum. In M2 ist der Schlüssel so groß wie in Wirklichkeit. Das Bild hat den **Maßstab** 1:1 (man spricht: „eins zu eins"). In M3 ist der Schlüssel 10-mal kleiner. Das Bild hat den Maßstab 1:10 (man spricht: „eins zu zehn"). Der Maßstab von M4 ist noch kleiner.

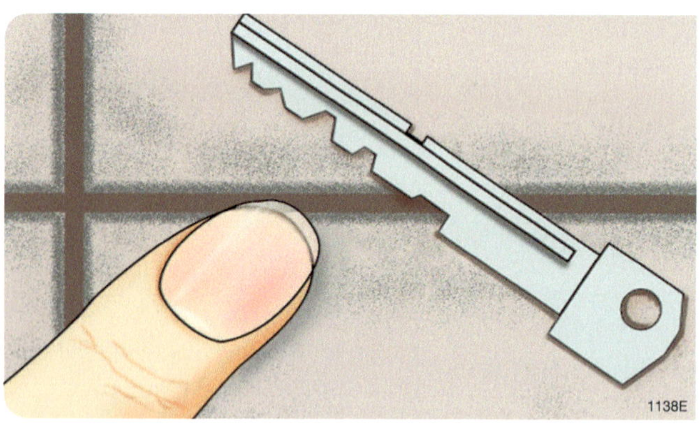

M2 Maßstab 1:1

In M2 sehen wir den Schlüssel. Er ist ganz groß. In M4 sehen wir auch die Umgebung. Der Schlüssel jedoch ist nicht mehr zu erkennen. Je größer das dargestellte Gebiet ist, desto weniger Einzelheiten sind abgebildet. Die Karte wurde vereinfacht. Der Maßstab ist also ein Maß für die Verkleinerung. Man kann feststellen, wie groß die Dinge in Wirklichkeit sind. Er ist als Maßstabszahl oder **Maßstabsleiste** auf der Karte angegeben.

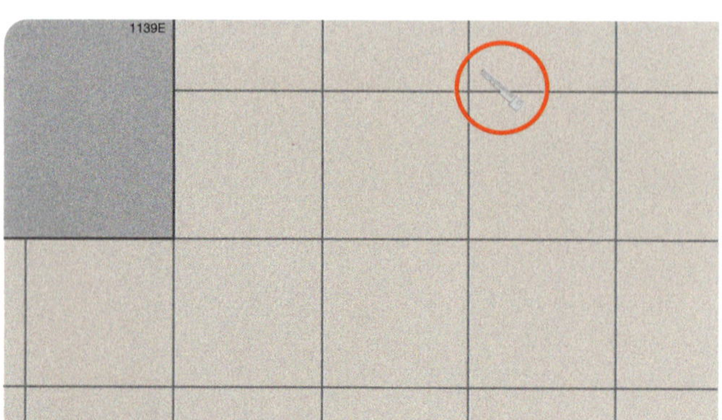

M3 Maßstab 1:10

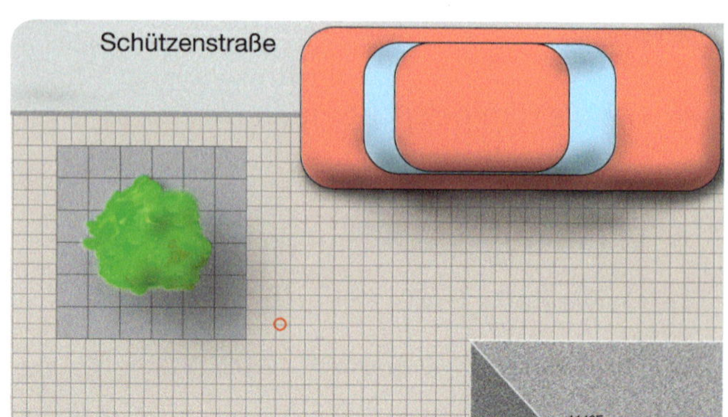

M4 Maßstab 1:100

Die Sache mit dem Maßstab

Um die Wirklichkeit auf einer Karte darzustellen, muss man alles verkleinern.
Um wie viel die Wirklichkeit verkleinert wird, sagt uns der Maßstab.

Je größer die Zahl hinter dem Doppelpunkt, desto kleiner ist der Maßstab.

Maßstab

1:10

Karte ↙ **1 cm** ↘ **Wirklichkeit** **10 cm**

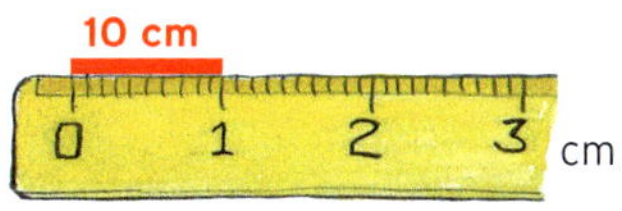

Maßstab 1 : 10

1 cm auf der Karte = 10 cm in Wirklichkeit.
Das Gebiet ist auf der Karte 10-mal kleiner abgebildet als in der Natur.

Maßstab 1:100
Das Gebiet ist auf der Karte 100-mal kleiner abgebildet als in der Natur.

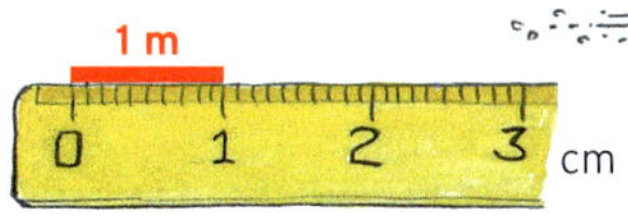

Maßstab 1 : 100

AUFGABEN

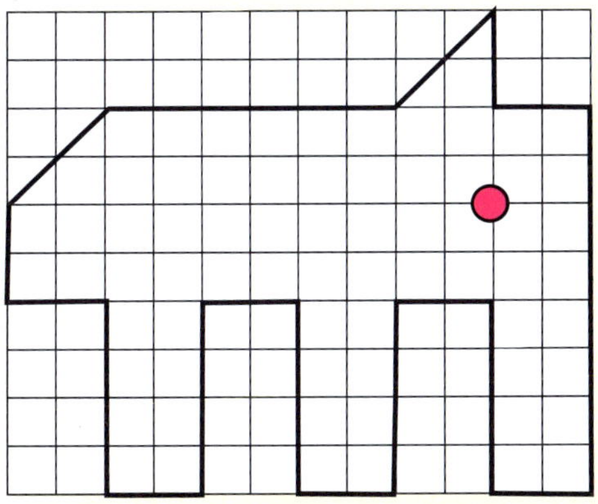

M1 Zeichnung eines Elefanten

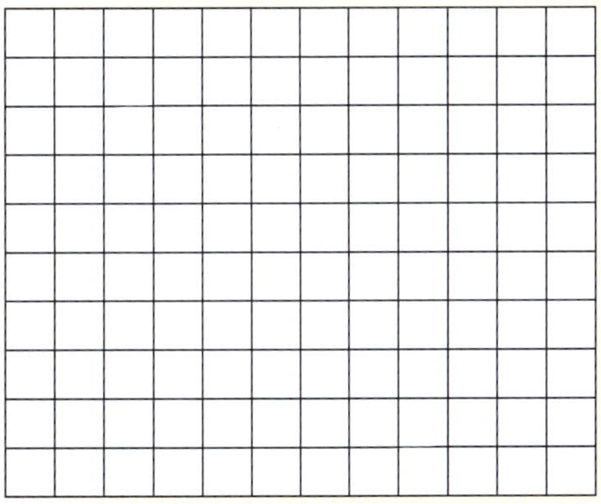

1 Zeichne den Elefant im Maßstab 1:2.

2 Miss folgende Gegenstände und übertrage die auf volle Zentimeter gerundeten Ergebnisse in die Tabelle. Rechne aus, wie groß sie im Maßstab 1:10 sind.

Gegenstand	Größe in Wirklichkeit	Größe im Maßstab 1:10
Heftlänge		
Heftbreite		
Tischlänge		
Tischbreite		

3 **a)** Welchen Maßstab hat die Karte auf Seite 14? Die Legende zu der Karte steht auf Seite 15.

Die Karte hat den Maßstab 1:

b) Miss die Entfernung zwischen Berlin und Hannover und trage das Ergebnis ein. Benutze die Maßstabsleiste.

Die Entfernung beträgt Kilometer.

M1 Amöneburg - die Stadt auf dem Berg

M2

Was sollen diese seltsamen Linien?

Betrachte M3 und M4. Du siehst seltsame Linien, die aber doch ein Bild ergeben. Es sind **Höhenlinien**: von einem Gesicht und einem Berg. Was haben das Gesicht und die Amöneburg gemeinsam? Beide sind bucklig. Sie haben Erhebungen und Vertiefungen. Die Linien zeigen, wo diese Erhebungen und Vertiefungen sind. Es sind Höhenlinien und es gibt sie, um die Berge und Täler auf einer Karte darzustellen. Denn Karten sind flach, die Erdoberfläche aber nicht.

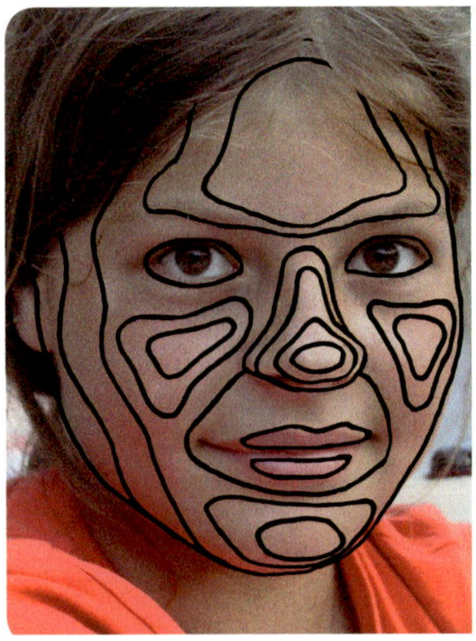

M3 Mädchengesicht mit „Höhenlinien"

M4 Amöneburg - Senkrechtluftbild mit Höhenlinien

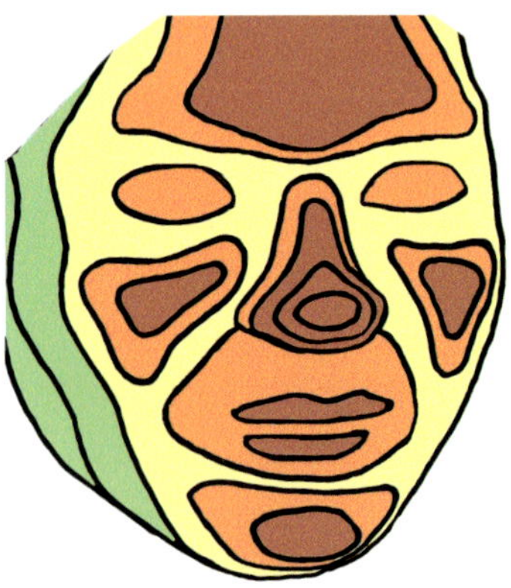

M5 Höhenschichten eines Mädchengesichts

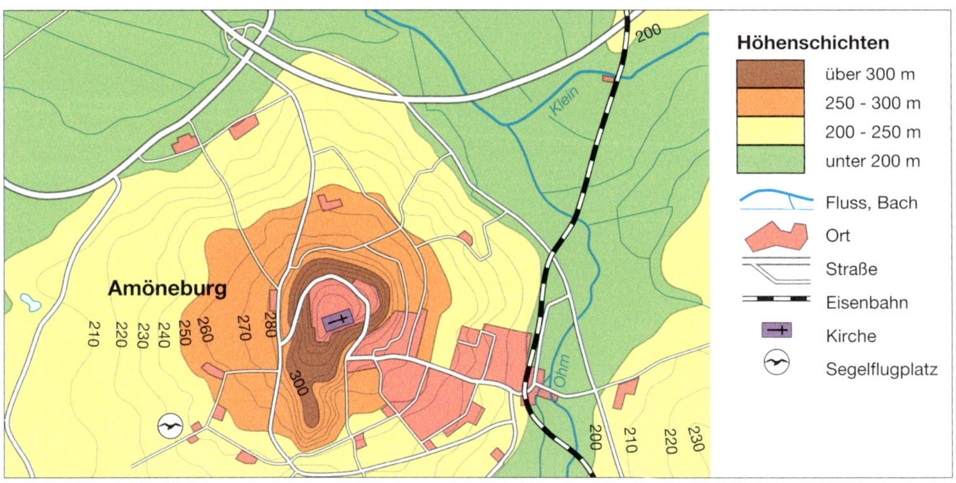

M6 Amöneburg - Karte mit Höhenschichten

INFO

Höhenlinien und Höhenschichten

Höhenlinien sind gedachte Linien. Sie zeigen an, wie hoch ein Berg an der Stelle ist, wo sie verlaufen. Die Höhe wird dabei vom Meeresspiegel aus gemessen. Man sagt: Höhe über Normalnull (NN) oder Höhe über dem Meeresspiegel (ü. M.). Wo die Höhenlinien sehr eng beieinander liegen, ist der Berg steil. Sind die Linien weiter auseinander, ist der Berg flacher. Die Bergspitze wird häufig mit einem kleinen Dreieck oder Punkt gezeichnet. Daneben wird dann die genaue Höhenangabe geschrieben. So weiß man genau, wie hoch der Berg ist.
Wenn man die Flächen zwischen den Höhenlinien farbig ausmalt, entstehen **Höhenschichten**. Mit zunehmender Höhe ändert sich die Farbe von grün nach braun.

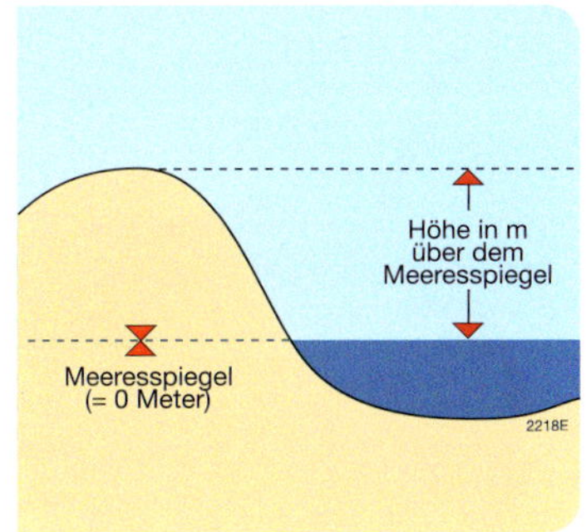

M7 Höhenmessung vom Meeresspiegel aus

AUFGABEN

1 Male den Querschnitt (M8) und die Höhenschichtenkarte des Berges (M9) farbig aus. Lege zuvor die Farben in der Legende fest.

2 Suche auf Seite 14 den höchsten Berg Deutschlands. Wie heißt er und wie hoch ist er?

Der Berg heißt ______________________ . Er ist ________ m hoch.

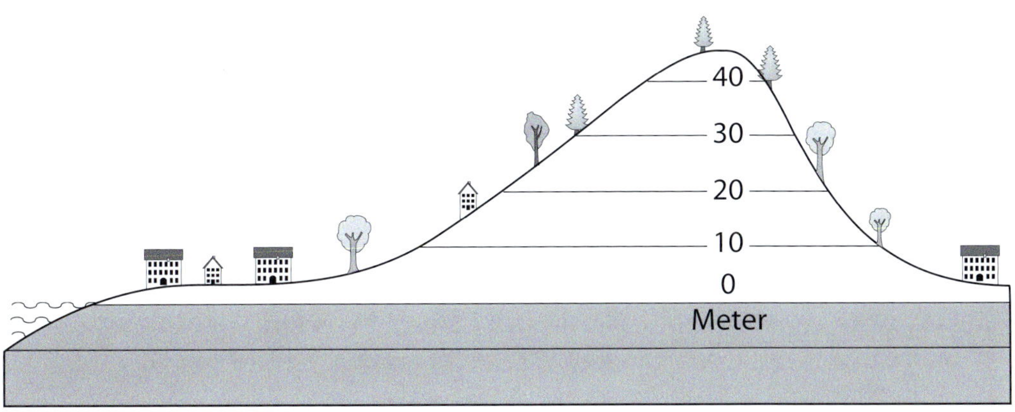

M8 Querschnitt eines Berges

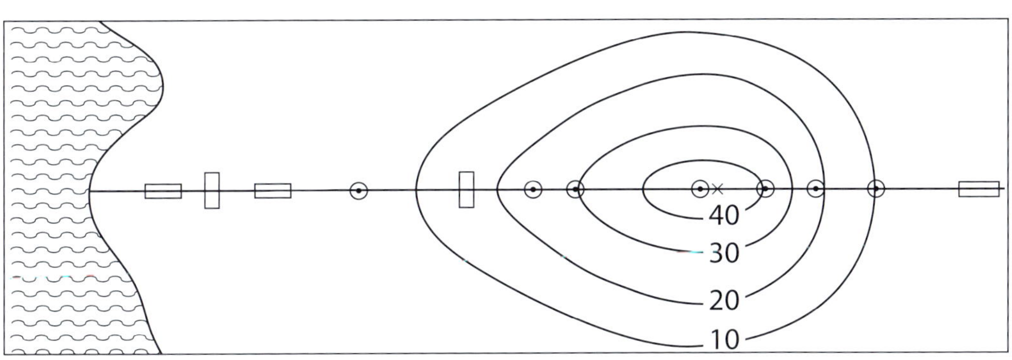

M9 Höhenschichtenkarte eines Berges

Legende

Höhenschichtenfarben

- über 40 m ☐
- 30 – 40 m ☐
- 20 – 30 m ☐
- 10 – 20 m ☐
- 0 – 10 m ☐

- Wasserfläche ☐
- Häuser ☐
- Bäume ☐
- Gipfel (=höchste Stelle eines Berges) ×

Der Globus und das Gradnetz der Erde

M1 Apfelsine mit Holzspieß

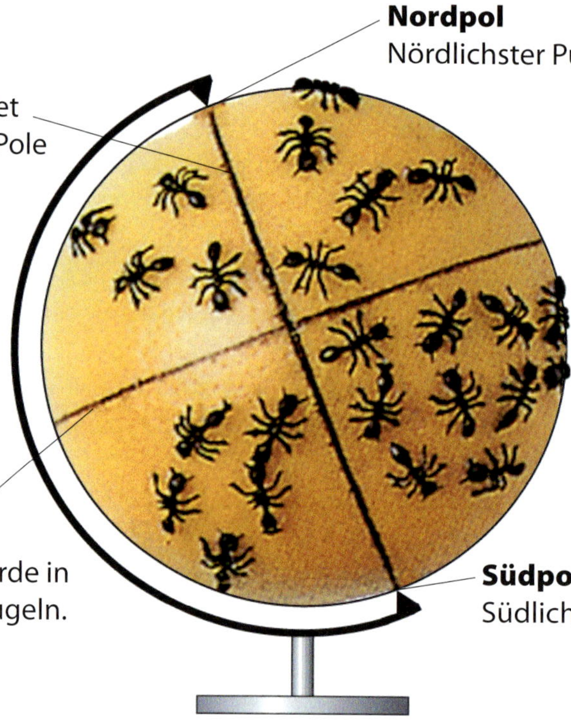

M2 Der Globus - ein Modell der Erde

> **INFO**
>
> **Globus**
> Ein Globus ist ein verkleinertes Abbild der Erde. Der Nordpol und der Südpol sind durch einen Stab verbunden. Das ist die Erdachse. Sie steht schrägt. Stell dir eine Apfelsine mit einem Holzspieß vor (M1). Dann hast du einen ersten Eindruck von einem Globus.

Was geht hier vor?

Unglücklicherweise ist die Erde rund. Sie hat etwa die Form einer Kugel. Kein Oben, kein Unten, kein Anfang, kein Ende. Wie soll man sich da zurechtfinden? Ganz einfach! Die Menschen haben festgelegt: Oben ist der **Nordpol**, unten ist der **Südpol**, in der Mitte ist der **Äquator**. Er verläuft wie ein Gürtel um die ganze Erde. Er teilt die Erde in eine **Nordhalbkugel** und eine **Südhalbkugel**. Das ist willkürlich, aber es funktioniert. Außerdem wurde ein Netz von Hilfslinien entwickelt. Das ist das **Gradnetz** (M4) der Erde. Es besteht aus **Längengraden** (M3) und **Breitengraden** (M5). Die Längengrade beginnen am Nordpol und enden am Südpol. Sie sind alle gleich lang. Die Breitengrade sind wie Gürtel um die Erde gelegt. Nach Norden und Süden hin werden sie immer kürzer. Der Äquator ist der längste Breitengrad. Nach Norden und Süden hin gibt es jeweils 90 solcher Gürtel.

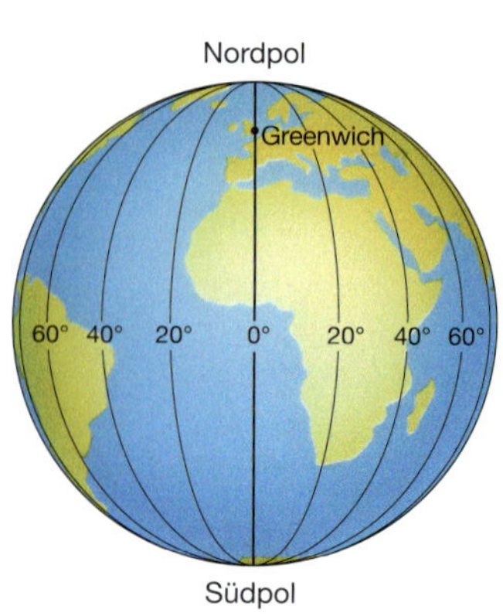

M3 Längengrade

M4 Gradnetz

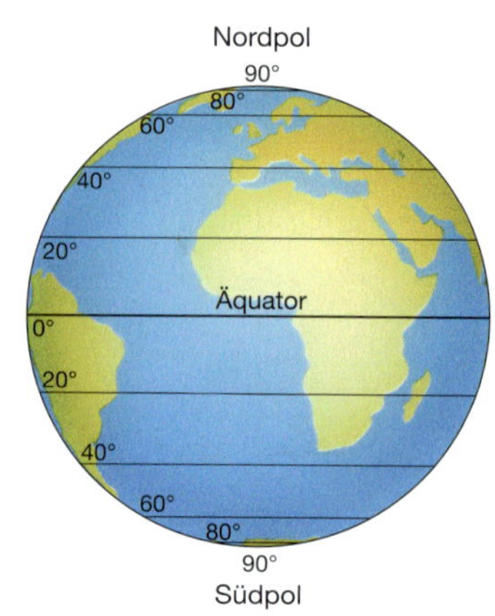

M5 Breitengrade

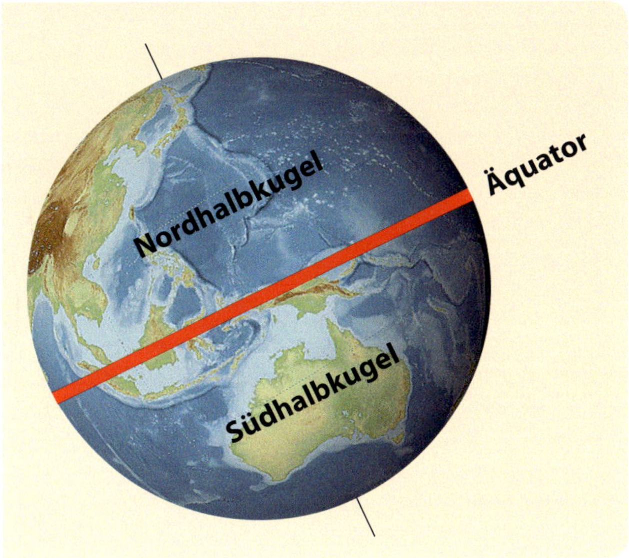

M7 Der Äquator teilt den Globus in Nord- und Südhalbkugel.

M6 Fototermin vor einem Riesenglobus

AUFGABEN

1 Ergänze die Lücken mit den Wörtern Nordpol, Erdachse, Südpol, Äquator:

Der ______ teilt die Erde in zwei Halbkugeln.

Der ______ ist der nördlichste Punkt der Erde.

Der ______ ist der südlichste Punkt der Erde.

Die ______ verbindet den Nordpol mit dem Südpol.

2 Zähle die Ameisen auf dem Globus (M2):

a) Auf der Nordhalbkugel sind ______ Ameisen.

b) Auf der Südhalbkugel sind ______ Ameisen.

3 Durch welche drei Länder in Südamerika geht der Äquator (Arbeitsatlas Seite 24)?

a) ______ **b)** ______

c) ______

4 Nutze den Arbeitsatlas. Auf dem Globus hinter den beiden Mädchen (M6) sieht man den Kontinent ______. Er liegt auf der ______ halbkugel.

Deutschland – Städte/Flüsse/Gebirge

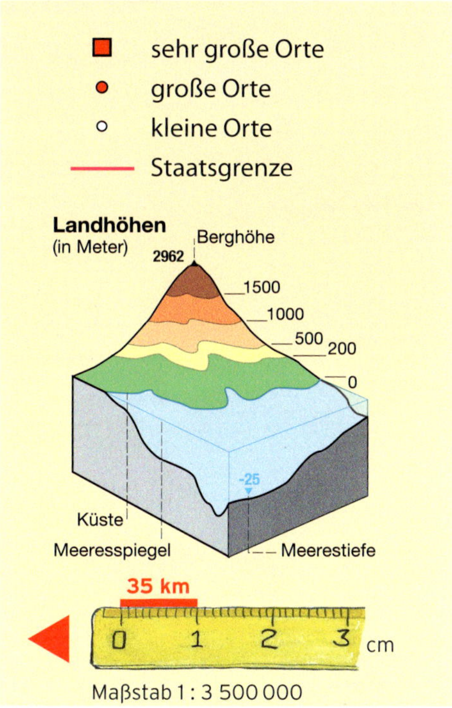

INFO

Deutschland

Deutschland ist das Land in Europa, in dem wir leben. Es reicht von der Nordsee und Ostsee im Norden bis zum Bodensee und den Alpen im Süden. Das Tiefland im Norden ist bis zu 200 m hoch. In der Mitte sind die Mittelgebirge. Sie sind bis zu 1500 m hoch. Im Süden liegt das Hochgebirge der Alpen. Der höchste Berg ist die Zugspitze.

AUFGABEN

1 Ergänze die Begriffe Bodensee, Ostsee, Nordsee:

a) Deutschland grenzt im Norden an die ______ und die ______.

b) Im Süden von Deutschland liegt der ______.

AUFGABEN

2 Trage die Namen der Gebirge (A–F), der Flüsse (a–e) und Städte (1–5) in die Liste ein:

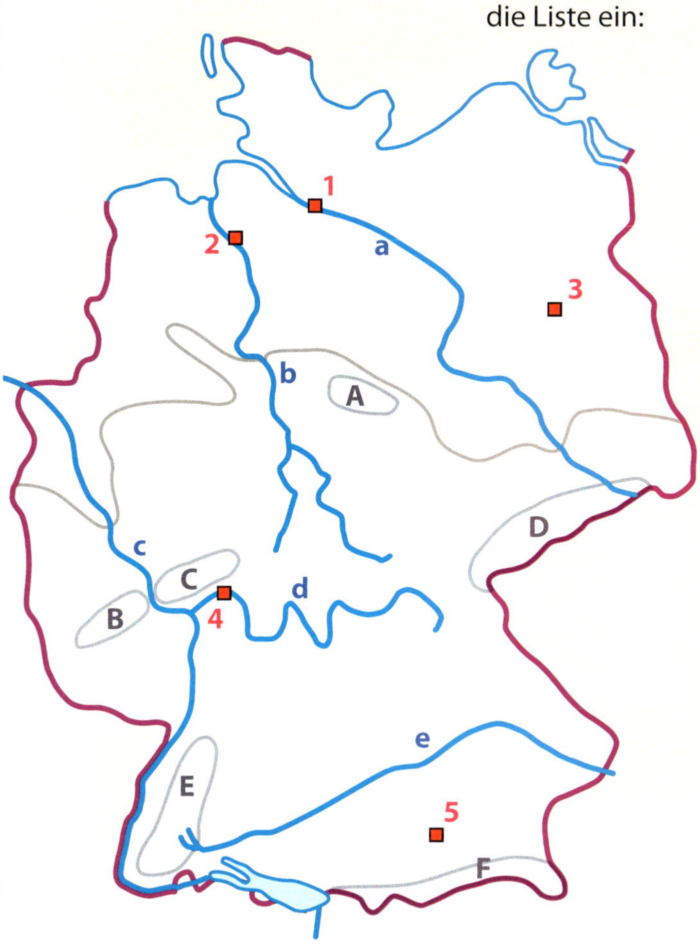

3 Male die Karte farbig aus.

Tiefland: grün

höher gelegenes Land: hellbraun

Gebirge: dunkelbraun

Gebirge

A

B

C

D

E

F

Flüsse

a

b

c

d

e

Städte

1

2

3

4

5

Deutschland – Bundesländer

Legende

- Staatsgrenze
- Landesgrenze
- Hauptstadt eines Staates
- Landeshauptstadt

M1 Flaggen der Bundesländer

Bundesländer in Deutschland
In Deutschland gibt es 16 Bundesländer. Jedes Bundesland hat eine eigene Landeshauptstadt. Berlin, Hamburg und Bremen sind sogenannte Stadtstaaten. Sie sind gleichzeitig eine Stadt und ein Bundesland. Die Hauptstadt von Deutschland ist Berlin.

INFO

AUFGABEN

1 Male die Flagge deines Bundeslandes aus.

2 Ergänze: Ich wohne im Bundesland

M2 Länderbausteine

3 Vergleiche die Länderbausteine (M2) auf dieser Seite mit der Karte Deutschland – Bundesländer auf Seite 16. Trage in die Liste die Namen der Bundesländer ein. Dann kannst du mithilfe der Zahlen feststellen, welche Flagge (M1) zu welchem Bundesland gehört.

1
2
3
4
5
6
7
8
9
10
11
12
13
14
15
16

Europa – Städte/Flüsse/Gebirge

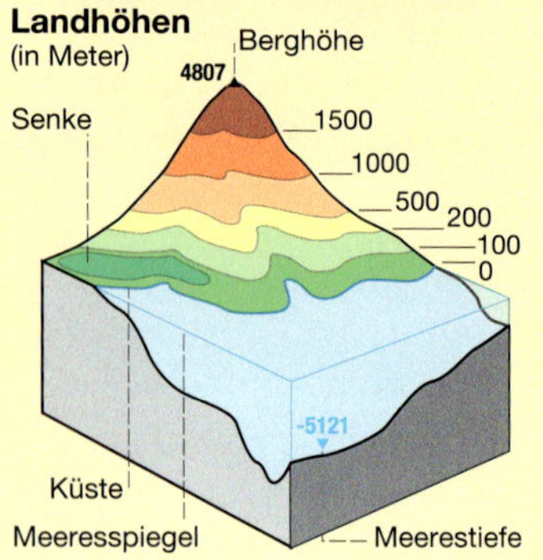

Wolga Rekorde
Vulkan
höchster Berg auf dem Kontinent
Staatsgrenze
Kontinentgrenze
Stadt

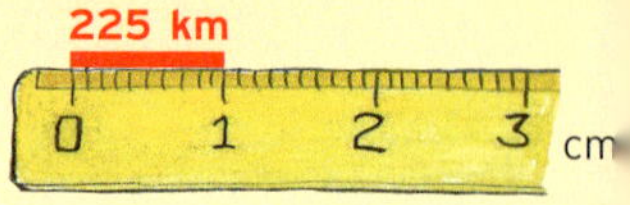

Maßstab 1 : 22 500 000

Die Europa-Sage

In Asien lebte die Königstochter Europa. Sie war so schön, dass der Göttervater Zeus sich in sie verliebte. Zeus verwandelte sich in einen Stier und entführte Europa auf seinem Rücken aus Asien auf die Insel Kreta, die zu einem anderen Kontinent gehört. Dort lebte sie lange Zeit als Königin an seiner Seite. Eine Göttin sprach zu ihr: „Unsterblich sollst du sein, Europa. Der Kontinent, der dich aufgenommen hat, soll für alle Zeiten deinen Namen tragen."

Europa

Der Kontinent Europa liegt auf der Nordhalbkugel. Die Grenzen sind das Nordpolarmeer im Norden, das Mittelmeer im Süden, der Atlantische Ozean im Westen und der Ural im Osten. Der höchste Berg Europas ist 4 807 m hoch. Er liegt in den Alpen. Der längste Fluss ist 3 600 km lang. Er fließt im Osten Europas.
In Europa gibt es Tiefland, Mittelgebirge und Hochgebirge. Im Norden liegen Mittelgebirge und Tiefland. In der Mitte verlaufen Mittelgebirge. Im Süden liegen Hochgebirge. Zu ihnen zählen die Alpen und die Pyrenäen.

INFO

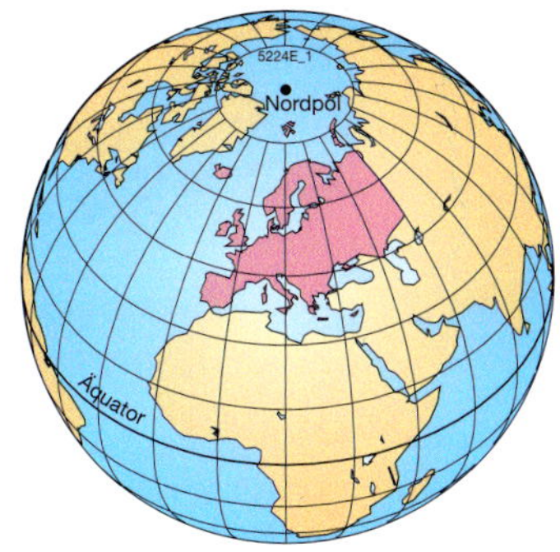

M1 Die Lage Europas (rot)

AUFGABEN

1 Der höchste Berg ist der ______.
Er ist ______ m hoch.

2 Der längste Fluss ist die ______.
Er ist ______ km lang.

3 Zeus entführte die Königstocher Europa auf die Insel ______.

4 Male die Karte farbig aus. Meere: blau, Tiefland: grün, Mittelgebirge: gelb, Hochgebirge: braun.

5 Trage ein:

Gebirge
I
II
III
IV

Meere
A
B
C
D

Flüsse
a
b
c
d
e
f

Inseln
1
2
3
4
5
6

Europa – Staaten

Malta Mitgliedsstaat der EU

Hauptstadt

Staatsgrenze

225 km

0 1 2 3 cm

Maßstab 1 : 22 500 000

M1 Die Vorderseite der Zwei-Euro-Münze

M2 Die Euro-Länder 2009

1 *Belgien*

2 ____________

3 ____________

4 ____________

5 ____________

6 ____________

7 ____________

8 ____________

9 ____________

10 ____________

11 ____________

12 ____________

13 ____________

14 ____________

15 ____________

16 ____________

Die Staaten Europas (INFO)

In Europa gibt es fast 50 Staaten. Einige davon erstrecken sich über zwei Kontinente. Der größte Staat ist Russland. Der kleinste Staat ist die Vatikanstadt in Rom. Jeder Staat hat eine Hauptstadt. 27 Staaten haben sich zur Europäischen Union (EU) zusammengeschlossen. Diese Staaten arbeiten eng zusammen. In vielen von ihnen kann man mit dem Euro bezahlen.

Der Euro (€) (INFO)

Den Euro gibt es in 16 Ländern der EU. Dies sind die Euro-Länder. Die offizielle Abkürzung für Euro ist EUR. Meistens wird jedoch das Zeichen „€“ benutzt. Es gibt Euro-Münzen und Euro-Scheine. Die Vorderseite der Euro-Münzen ist in allen Ländern gleich (M1). Die Rückseite durfte jedes Land selbst gestalten. Du kannst natürlich in allen Euro-Ländern mit jeder Euro-Münze bezahlen, egal aus welchem Land sie kommt und was auf ihrer Rückseite dargestellt ist.

AUFGABEN

1 Suche mithilfe von M2 die Namen der Euro-Länder auf der Karte „Europa – Staaten“ und schreibe sie neben die Zahlen 1–16 der Rückseiten der Zwei-Euro-Münzen auf dieser Seite. Dann weißt du, welche Münze zu welchem Land gehört.

Die Erde – Städte/Flüsse/Gebirge

Hinweis: Die Rekorde der Erde sind in der Karte rot eingetragen.

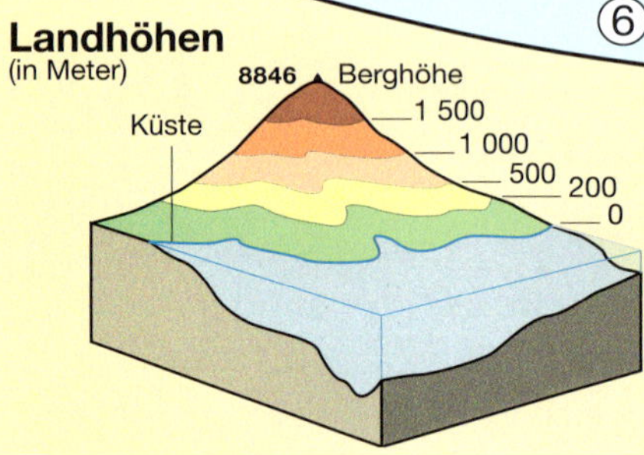

- die zehn größten Städte der Erde
- Asien – Rekorde
- Staatsgrenze

Rekorde der Erde

Der höchste Berg: Mount Everest (8 846 m)

Der höchste Vulkan: Cotopaxi (5 896 m)

Das längste Gebirge: Rocky Mountains/ Anden (14 000 km)

Der längste Fluss: Nil (6 671 km)

Der tiefste See: Baikalsee (1 620 m)

Die größte Insel: Grönland (2 Mio km^2)

Der größte Kontinent: Asien (44 Mio km^2)

INFO

Kontinente und Ozeane der Erde

Die großen Landmassen auf der Erde heißen Erdteile oder **Kontinente**. Ihre Zahl schwankt je nach Einteilung zwischen fünf und sieben. In manchen Büchern werden Nordamerika und Südamerika zu einem Kontinent Amerika zusammengefasst. Auch die Kontinente Europa und Asien werden aufgrund der gemeinsamen Landmasse zum Teil zu einem Kontinent Eurasien vereint. Nach der am weitesten verbreiteten Auffassung gibt es auf der Erde sieben Kontinente. Sie heißen Nordamerika, Südamerika, Europa, Afrika, Asien, Australien und Antarktis.
Die großen Meere auf der Erde heißen Weltmeere oder **Ozeane**. Es gibt den Pazifischen Ozean, den Atlantischen Ozean und den Indischen Ozean.

AUFGABEN

1 **a)** Male die Karte unten farbig aus: jeden Kontinent in einer anderen Farbe, Ozeane in blau.

b) Trage die Namen der Kontinente und Ozeane ein.

2 Ergänze:

a) Der höchste Berg ist der

____________________ .

Er ist

________________ m hoch.

Er liegt in

____________________ .

b) Der längste Fluss ist der

____________________ .

Er ist

________________ km lang.

Er liegt in

____________________ .

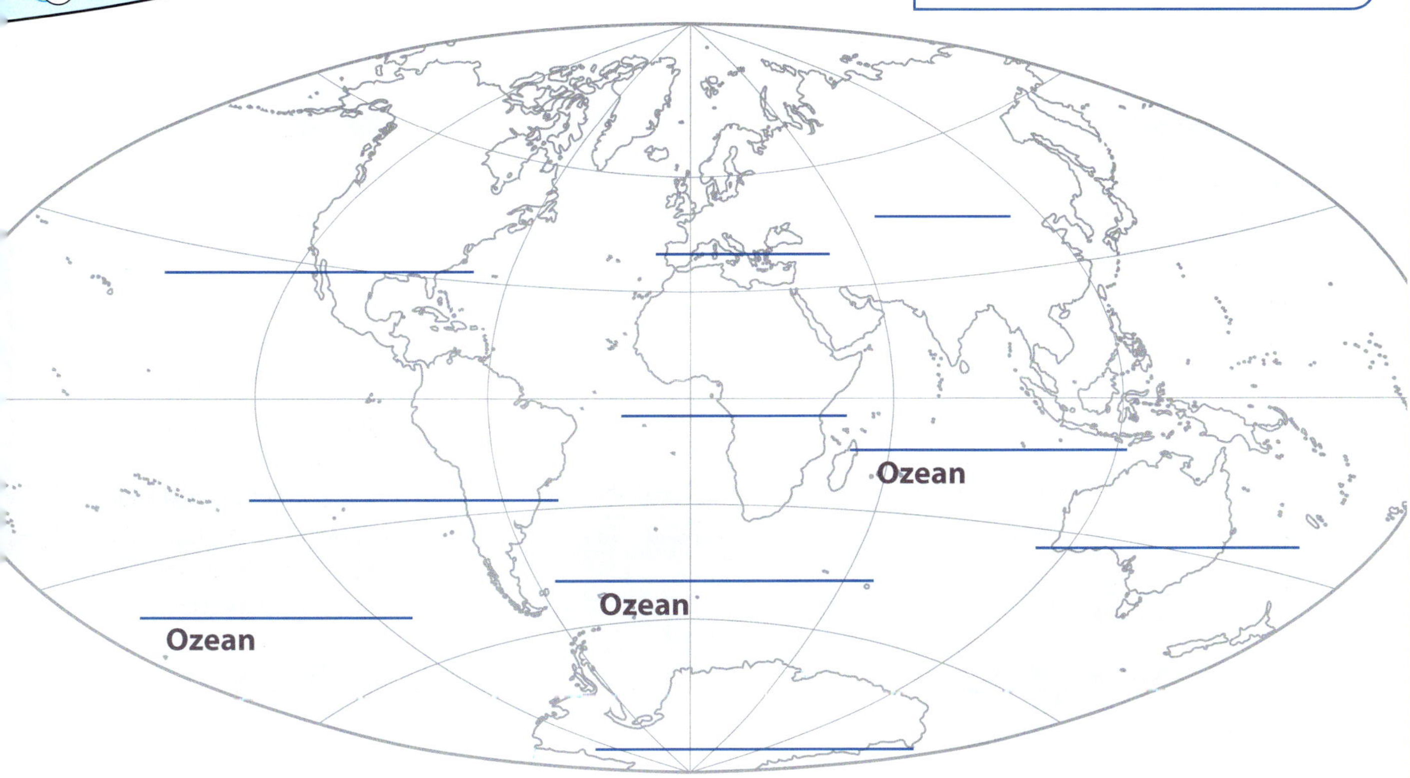

Die Erde – Staaten

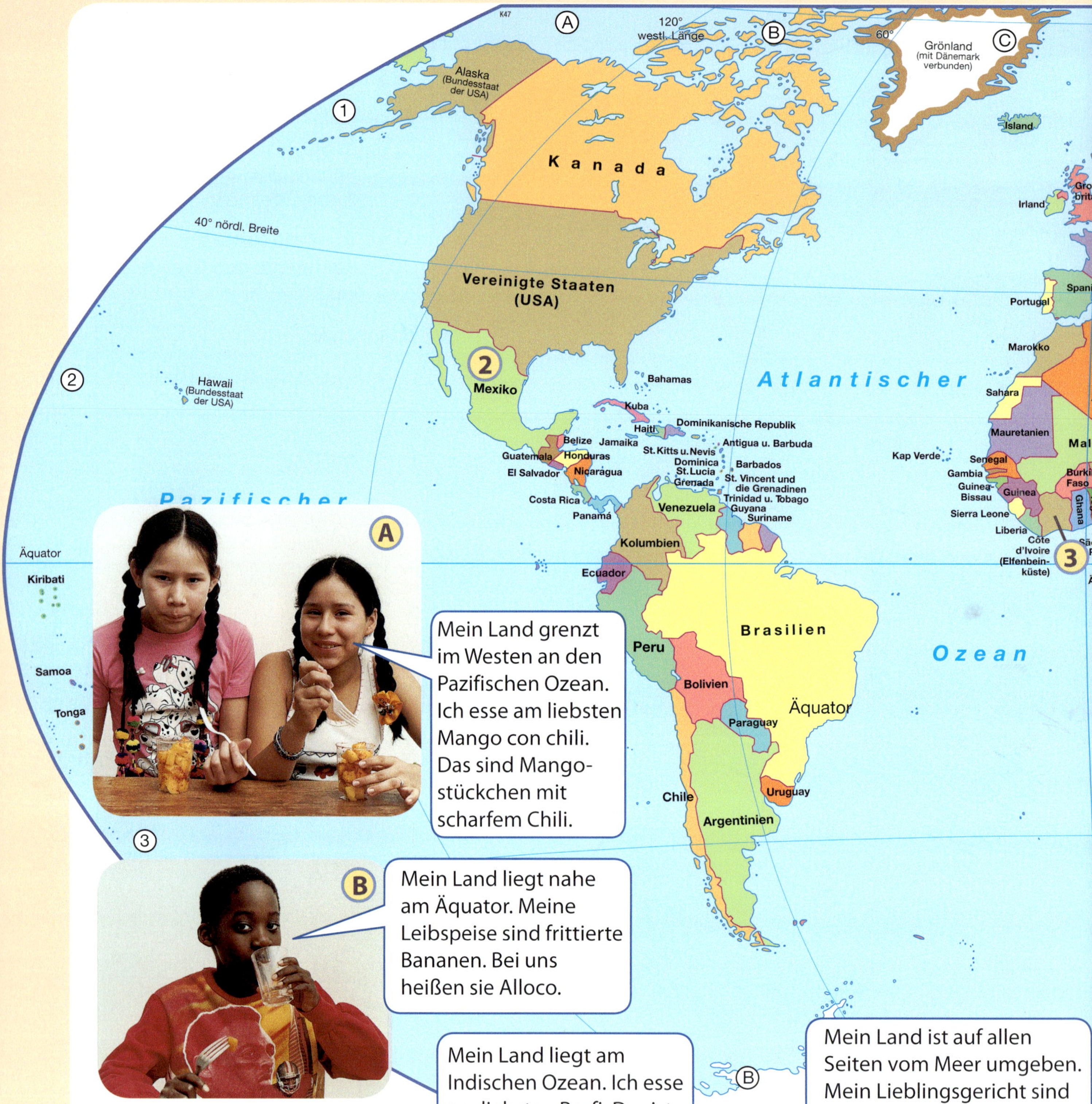

Mein Land grenzt im Westen an den Pazifischen Ozean. Ich esse am liebsten Mango con chili. Das sind Mangostückchen mit scharfem Chili.

Mein Land liegt nahe am Äquator. Meine Leibspeise sind frittierte Bananen. Bei uns heißen sie Alloco.

Mein Land liegt am Indischen Ozean. Ich esse am liebsten Barfi. Das ist ein bunter Griespudding.

Mein Land ist auf allen Seiten vom Meer umgeben. Mein Lieblingsgericht sind potato wedges, das sind gebackene Kartoffelkeile.

Mein Land liegt südlich von Weißrussland. Meine Lieblingsspeise sind Wareniki. Das sind Maultaschen gefüllt mit Kirschen.

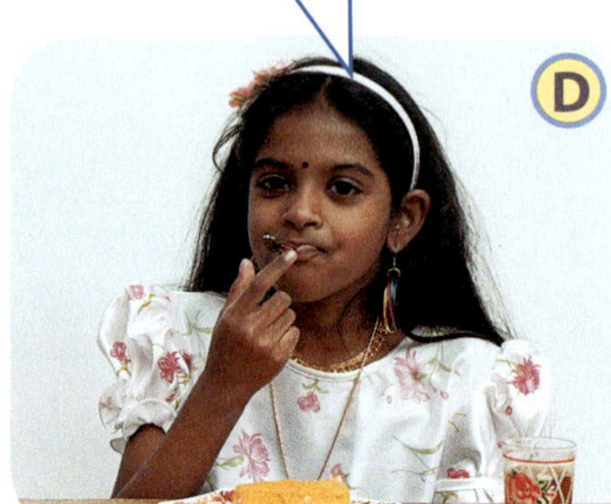

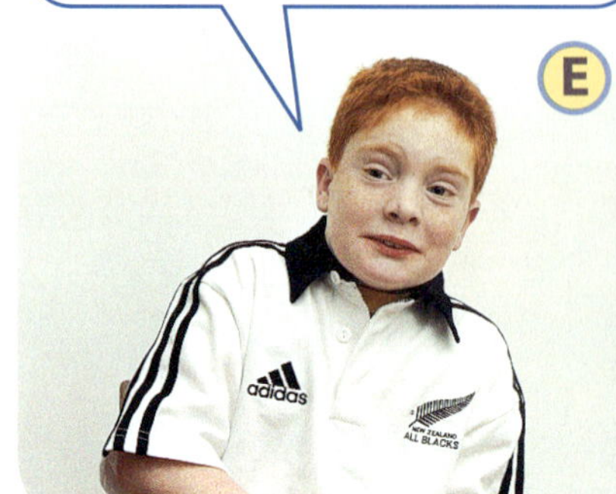

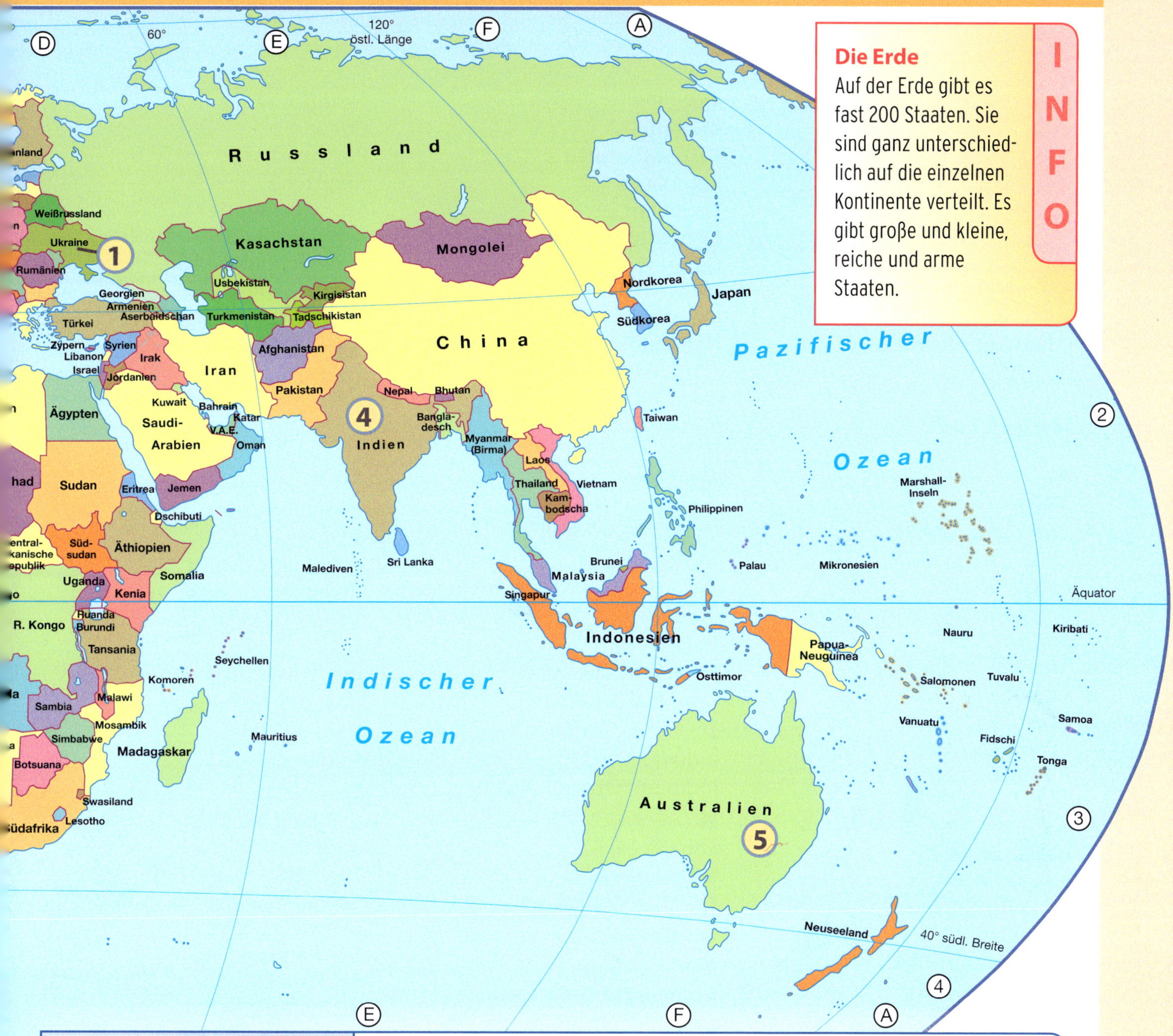

Die Erde

Auf der Erde gibt es fast 200 Staaten. Sie sind ganz unterschiedlich auf die einzelnen Kontinente verteilt. Es gibt große und kleine, reiche und arme Staaten.

INFO

AUFGABEN

1 In welchen der Staaten 1 – 5 und auf welchen Kontinenten (...) leben die Kinder A – E?

A ( ) B ( ) C ( )

D ( ) E ( )

2 Welche Staaten liegen auf dem 40. Breitengrad der Südhalbkugel? Trage sie von Westen nach Osten ein.

1 2

3 4

Sachwortregister/Register

Sachwortregister

Register

Urkunde

____

Name der Schülerin/des Schülers

hat den Diercke Atlasführerschein
mit folgendem Ergebnis bestanden:

☐	50 und mehr Punkte	Hervorragend: Du kennst dich prima aus!
☐	30–49 Punkte	Sehr gut: Das ist eine tolle Leistung!
☐	10–29 Punkte	Gut: Du hast aber noch einige Lücken.

Herzlichen Glückwunsch zu deinem Diercke Atlasführerschein!
Wir wünschen dir weiterhin viel Spaß bei der Arbeit mit dem Diercke Weltatlas.

____

Datum

____

Unterschrift der Lehrerin/des Lehrers

Diercke Weltatlas
Westermann Verlag